EXTRAIT DES MÉMOIRES

DE LA

SOCIÉTÉ ZOOLOGIQUE

DE FRANCE

RECONNUE D'UTILITÉ PUBLIQUE

ANNÉE 1897

595,79

ÉTUDES SUR LES FOURMIS, LES GUÊPES ET LES ABEILLES

(15e Note)

APPAREILS POUR L'OBSERVATION DES FOURMIS
ET DES ANIMAUX MYRMÉCOPHILES

PAR

CHARLES JANET

Vice-Président de la Société.

(PLANCHE X)

PARIS

AU SIÈGE DE LA SOCIÉTÉ ZOOLOGIQUE DE FRANCE

7, rue des Grands-Augustins, 7

1897

Extrait des *Mémoires de la Société Zoologique de France*
tome X, page 302, planche X, année 1897.

ÉTUDES SUR LES FOURMIS, LES GUÊPES ET LES ABEILLES

(15e Note)

APPAREILS POUR L'OBSERVATION DES FOURMIS ET DES ANIMAUX MYRMÉCOPHILES

PAR

CHARLES JANET

Vice-Président de la Société.

(Planche X)

J'ai publié précédemment (**93**[2]) une Note sur des Appareils qui permettent d'étudier, dans de bonnes conditions d'observations, les Fourmis et les Animaux myrmécophiles qui vivent avec elles.

Depuis, j'ai eu l'occasion de construire un assez grand nombre de ces appareils et j'y ai apporté quelques modifications.

Le principe de ces appareils est resté le même. Ils consistent en un bloc d'une substance minérale poreuse quelconque qui peut être entretenue humide, à l'une de ses extrémités, par une cuve à eau, tandis que l'extrémité opposée reste tout à fait sèche.

Les deux écueils à éviter dans les nids artificiels pour l'observation des Fourmis sont, d'une part, la sécheresse qui fait périr rapidement ces Insectes et, d'autre part, une trop grande humidité à la suite de laquelle l'appareil est envahi par des moisissures dont les Fourmis finissent par ne plus pouvoir se débarrasser.

Dans les appareils que j'emploie on est à l'abri de ces deux dangers.

Entre les chambres et galeries qui sont creusées dans la partie tout à fait humide et celles qui se trouvent dans la partie tout à fait sèche du bloc, les Fourmis trouvent tous les degrés intermédiaires d'humidité. Elles peuvent, ainsi, à leur gré, faire passer leur progéniture, et passer elles-mêmes, d'une région du nid à une autre présentant le degré d'humidité qui, à un moment donné, leur convient le mieux. Les divers appareils que j'emploie peuvent se rapporter à deux types : un type horizontal et un type vertical.

APPAREILS HORIZONTAUX

Modification des anciens Appareils. — Les appareils horizontaux que j'emploie actuellement ne diffèrent du type que j'ai décrit précédemment (**93²**, p. 471, fig. 1) que par les quelques détails suivants (fig. 1).

1° Le plafond des chambres est formé d'un verre *v 1* d'un seul morceau, ce qui le rend beaucoup moins susceptible d'être dérangé.

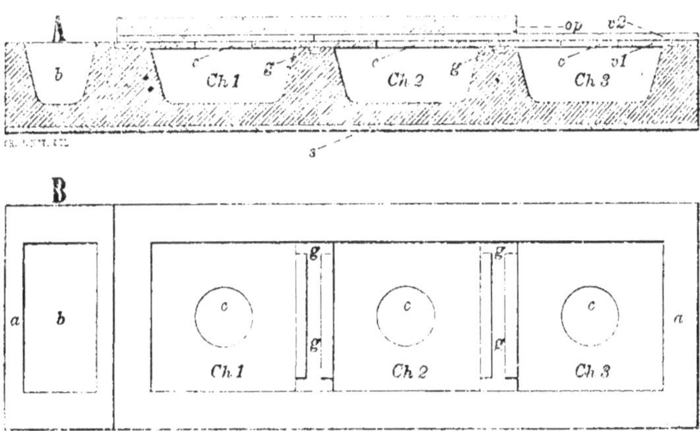

Fig. 1. — Nid artificiel en substance poreuse (plâtre, terre cuite, pierre tendre, etc.). B, Vue du nid en plan. La plaque opaque destinée à maintenir l'obscurité est supposée enlevée : A, Coupe verticale.

a, bloc à trois chambres : *b*, cuve à eau que l'on remplit une ou deux fois par semaine. L'eau, en s'imbibant dans la substance poreuse, y produit une humidité graduée, qui va en diminuant vers le côté opposé à la cuve à eau : *Ch 1*, chambre d'habitation obscure et très humide (c'est dans cette chambre que l'on place l'abreuvoir) ; *Ch 2*, chambre d'habitation obscure et moins humide ; *Ch 3*, chambre éclairée et presque sèche (c'est dans cette chambre que l'on place la mangeoire garnie de miel) ; *g*, galeries de communication creusées sur le sommet des murs séparatifs des chambres. Ces galeries sont, ainsi, entièrement visibles ; *v 1*, grande plaque de verre, d'un seul morceau, recouvrant toutes les chambres et toutes les galeries. Cette plaque est percée au droit du milieu de chaque chambre d'une ouverture circulaire *c*. Ces ouvertures qui permettent de prélever des échantillons doivent avoir un diamètre suffisant pour que l'on puisse y faire passer les récipients qui servent de mangeoire et d'abreuvoir, et tout ce qui est utile aux expériences. *v 2*, trois plaques de verre indépendantes les unes des autres, servant à obturer les orifices *c* ; elles empêchent les Fourmis de sortir pendant qu'on les observe ; *op*, plaque opaque (par exemple en plâtre) servant à maintenir l'obscurité dans les deux chambres *Ch 1* et *Ch 2*, qui servent d'habitation aux Fourmis ; *s*, plaque de verre placée sous le nid pour empêcher l'humidité de se communiquer à la table sur laquelle l'appareil est posé.

2° Les galeries de communication qui étaient percées vers la base des cloisons de séparation avaient, dans le cas de petites colonies, l'inconvénient de fournir aux Fourmis, pour elles et pour leur progéniture, et aussi aux animaux myrmécophiles, des cachettes inaccessibles au regard de l'observateur. Je les ai remplacées par des galeries *g* creusées sur la crête des cloisons et placées, ainsi, immédiatement sous le verre qui recouvre l'appareil.

3° Les murailles extérieures sont plus épaisses. Comme elles peuvent, ainsi, emmagasiner une plus grande quantité d'eau, l'appareil se dessèche beaucoup moins rapidement et la cuve de mouillage *b* n'a pas besoin d'être remplie aussi souvent. De plus, certaines Fourmis, telles que le *Tetramorium cespitum*, qui, lorsqu'elles sont un peu trop nombreuses, ont une tendance à attaquer les parois du nid avec leurs mandibules, n'arrivent que difficilement, surtout si le plâtre est un peu dur, à percer des galeries de sortie.

4° La cuve à eau *b* a été agrandie pour recevoir, chaque fois, une plus grande quantité d'eau de mouillage.

Enfin, en outre de ces modifications indiquées par la fig. 1, j'ai été amené à construire avec 4 chambres tous les appareils dont j'ai eu besoin dans ces derniers temps. La dernière chambre qui reste éclairée et reçoit la nourriture des Fourmis est, ainsi, toujours bien sèche.

La profondeur des chambres doit être réduite à la hauteur voulue pour permettre d'observer aisément les Fourmis qui circulent sur leur sol. Pour permettre des observations avec des grossissements assez forts, cette hauteur doit être réduite à moins de 1 cm. Les appareils en plâtre, en terre cuite ou en pierre tendre peuvent facilement être ajustés, à la profondeur voulue, par usure, sur une toile d'émeri qui, après avoir été mouillée, a été tendue et fixée sur une grande et forte planche à dessin bien plane.

Les mangeoires placées dans la chambre la plus sèche, et l'abreuvoir placé dans la chambre la plus humide, sont formés de petits godets en cuivre étamé, pourvus d'une anse facile à saisir avec un petit crochet (Pl. X, *Mg. Abr.*).

Les mangeoires reçoivent des larves ou des nymphes de Fourmis, de Guêpes, d'Abeilles ou d'autres Insectes, des Insectes fraîchement tués, du sucre, du miel liquide. La mangeoire garnie de miel liquide est pourvue d'un morceau de toile métallique, ou de rondelles de papier, ou de grains de liège râpé grossièrement, pour que les Fourmis soient moins exposées à s'engluer.

L'abreuvoir est pourvu d'une éponge et, lorsque, toutefois, les Fourmis ne se mettent pas à la déchiqueter, cette éponge, grâce à l'humidité de la chambre où elle est placée, reste suffisamment imbibée d'eau pendant un temps assez long.

L'avantage de ces appareils horizontaux, dans lesquels les colonies peuvent être conservées en parfait état pendant plusieurs années, est de permettre de prélever, à tout instant et avec la plus grande facilité, les échantillons dont on a besoin.

Les verres *v1* et *v 2*, qui servent à emprisonner les Fourmis, peuvent être immobilisés au moyen de deux petites chevilles qui s'enfoncent, à volonté, aux deux extrémités de l'appareil et passent dans deux encoches demi circulaires entaillées sur le milieu de chacun des petits côtés des verres. Ce dispositif n'est pas représenté sur la figure. Si, pour pouvoir transporter l'appareil au loin, on veut rendre les verres de recouvrement tout à fait immobiles, on serre les deux extrémités de l'appareil dans deux étriers à écrous munis de rondelles en caoutchouc.

Dispositif pour isoler les grosses larves de fourmis ailées. — Pour observer dans leur développement et pouvoir fixer à un âge déterminé les larves et les nymphes mâles et femelles, qui sont généralement beaucoup plus grosses que celles des ouvrières, celles des *Tetramorium cespitum* par exemple, je les isole dans un petit récipient en verre, recouvert lui-même d'une rondelle de verre, placé dans une des chambres du nid. Ce récipient est percé d'un petit orifice juste suffisant pour permettre aux ouvrières d'entrer et de sortir, mais trop petit pour qu'elles puissent y faire passer les nymphes de Fourmis ailées, qui sont en général très volumineuses. Les ouvrières introduisent parfois de jeunes larves ou de jeunes nymphes dans ces petits récipients. Ce mélange, qui ne peut occasionner aucune erreur, m'a paru, plutôt, être avantageux au point de vue de l'assiduité des soins des ouvrières.

Nid accolé a une Arène de Forel. — Si on laisse le nid poreux accolé à une Arène de Forel, dans laquelle les Fourmis peuvent librement circuler, l'appareil devient plus encombrant, mais l'élevage peut ainsi se trouver dans des conditions plus favorables pour certaines observations (fig. 2).

C'est ce que j'ai fait pour une colonie de *Lasius flavus* extrêmement nombreuse, récoltée dans une vingtaine de nids naturels et à laquelle j'ai laissé l'arène qui avait servi à son emménagement.

Au bout de quelques jours, je constate que les Fourmis n'ont pas introduit dans le nid la moindre parcelle de la terre étalée dans l'arène, mais, avec une partie de cette terre, que j'avais arrosée pour la rendre humide, elles ont construit, devant l'entrée de leur nid, et comme pour la protéger, un monticule perforé de nombreuses galeries.

Tout autour de l'entrée du nid, dans un rayon de 30 à 40 cent. la surface de la terre de l'arène a été aplanie par les Fourmis. Cette surface est formée de grains de terre relativement propres et réguliers, et l'on n'y voit aucun détritus. Au-delà, et brusquement, le sol est couvert d'un millier de cadavres de Fourmis qui ont été

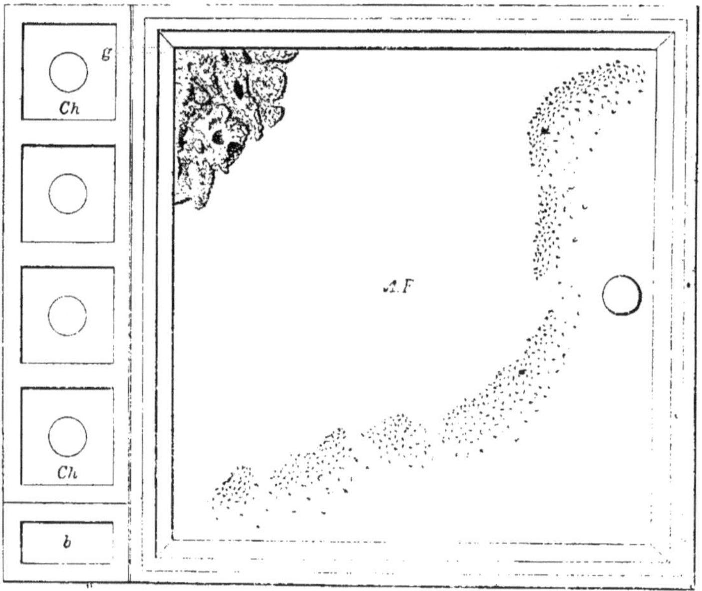

Fig. 2. — Nid artificiel horizontal accolé à une Arène de Forel.
Ch, chambres du nid ; *b*, cuve à eau ; *g*, galerie d'accès ; *A.F.*, arène.

tuées lors de la capture et du transport, et d'une centaine de *Platyarthrus* qui n'ont pas pu pénétrer dans le nid à cause de sa trop grande population.

Nid double de *Solenopsis fugax* et de *Formica fusca*. — Un nid double formé par la réunion d'une forte colonie de *Solenopsis fugax* et d'une colonie d'une *Formica* de grosse espèce, telle que la *Formica fusca*, peut être établi, aisément, dans un appareil horizontal (fig. 3).

Ces nids doubles artificiels peuvent être cités comme preuve de la valeur des appareils en substance poreuse pour la conservation des colonies de Fourmis. Forel (**69**, p. 11), qui a installé un nid double dans un appareil du genre de ceux employés par Huber, a vu ses *Solenopsis* disparaître totalement en un mois, et il ajoute : « Cette expérience me montra.... les difficultés qu'il y a à élever artificiellement cette petite Fourmi. »

Ainsi qu'on le verra par l'exemple du nid double vertical, que je

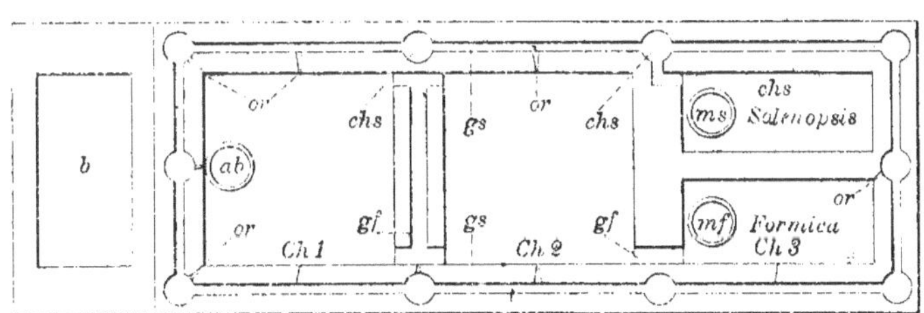

Fig. 3. — Nid artificiel en substance poreuse modifié de manière à constituer un nid double de *Solenopsis* et de *Formica*.

b, cuve à eau; *Ch 1*, *Ch 2*, *Ch 3*, *gf*, chambres et galeries des *Formica*; *chs*, *gs*, chambres et galeries des *Solenopsis*; *or*, petites galeries permettant aux *Selenopsis* de pénétrer chez les *Formica*; *ab*, abreuvoir servant à la fois aux *Solenopsis* et aux *Formica*; *m s*, mangeoire des *Solenopsis*; *mf*, mangeoire des *Formica*.

citerai plus loin, nid qui est actuellement, en parfait état, dans la Section des Sciences de l'Exposition de Bruxelles, et qui reviendra sans doute à Beauvais encore en parfait état, la difficulté n'existe plus avec mes appareils.

Inutilité et inconvénients de la terre dans les chambres. — Il est inutile de mettre de la terre dans les nids artificiels construits en substances minérales poreuses telles que la pierre tendre, la terre cuite, le plâtre. J'ai déjà cité (**93**[2] p. 474) quelques observations tendant à prouver qu'il en est bien ainsi. En voici encore quelques-unes :

Dans un nid artificiel horizontal, contenant une forte colonie de *Solenopsis fugax*, j'ai mis dans la chambre humide, où elles étaient toutes réunies avec leur reine unique et une abondante progéniture, un petit tas de terre sableuse provenant de la démolition du nid naturel dans lequel j'avais récolté ces Fourmis.

Le surlendemain je vis qu'une minime partie de cette terre avait été réellement utilisée par les Fourmis pour obturer, partiellement, la galerie donnant accès dans la chambre la plus humide, la seule occupée. L'entrée du nid était, ainsi, réduite juste à la dimension nécessaire pour le passage des Fourmis. Mais la terre avait complètement disparu de la chambre où je l'avais déposée et le sol de cette chambre était, maintenant, parfaitement propre. Une bonne partie de la terre ainsi enlevée avait été transportée dans le godet servant d'abreuvoir, dans le godet servant de mangeoire et à la surface du cadavre d'une Mouche qui en était presque complètement recouvert. Le reste était étalé sur le sol des autres chambres qui, toutes, étaient inhabitées.

Les *Formica rufa* d'un nid laissé ouvert en permanence sur une tablette de mon laboratoire ont transporté, peu à peu, hors de leur nid, sans jamais en porter dans les chambres humides, une bonne partie de la terre fine dont j'avais partiellement rempli leur chambre éclairée.

Dans un appareil où le sol de chaque chambre était recouvert d'une couche de 2 mm. de terre fine j'ai fait emménager une très forte récolte de *Myrmica lævinodis* accompagnées d'une très nombreuse progéniture. Le lendemain matin, la presque totalité de la terre avait été transportée dans la mangeoire garnie de miel. Le surlendemain la surface du miel de la nouvelle mangeoire disparaissait encore sous une mince couche formée des derniers résidus de terre.

Ces observations montrent que même de très petites espèces, comme les *Solenopsis*, qui ont l'habitude de ne créer que des petites chambres, ne cherchent pas à les rétrécir lorsqu'on leur en donne de grandes, et qu'elles ne tolèrent, dans ces chambres, aucun fragment de terre détaché.

De semblables chambres très grandes, entièrement débarrassées de toute parcelle détachée de terre, se voient d'ailleurs, souvent, dans les nids naturels, par exemple, sous une pierre qui recouvre le nid ou entre deux pierres que les Fourmis ont rencontrées en creusant le sol.

En ne mettant plus de terre dans mes nids artificiels j'ai éliminé le seul inconvénient que je rencontrais dans ces nids.

Dans un appareil où la cuve à eau est mouillée d'une manière régulière, suffisamment mais modérément, l'abreuvoir placé dans la chambre humide et la mangeoire garnie de miel placée dans la chambre éclairée et sèche peuvent, si la colonie n'est pas trop nombreuse, se conserver en parfait état, et rester bien garnis d'eau et de miel, pendant un temps très long. J'ai abandonné un petit élevage, pendant six mois, dans ces conditions, c'est-à-dire en mettant de l'eau une fois par semaine dans la cuve de mouillage, mais sans renouveler ni l'eau de l'abreuvoir, ni le miel de la mangeoire et même sans visiter le nid une seule fois. Au bout de ce laps de temps j'ai retrouvé ma petite colonie en parfait état.

Il en est tout autrement s'il y a de la terre dans l'appareil. Les Fourmis la transportent grain à grain dans l'abreuvoir et dans la mangeoire qui finissent par être complètement remplis et même entourés de terre. L'eau et le miel disparaissent par imbibition et l'abreuvoir et la mangeoire doivent être remplacés au bout de peu de jours. Les nouveaux godets sont, à leur tour, promptement épuisés et cela continue jusqu'à ce que, les ayant renouvelés un très grand nombre de fois, on constate qu'ils ne restent propres que le jour où toute trace de terre a disparu.

André (**94**) a observé, dans un élevage artificiel de *Leptothorax rottenbergi*, qui s'étaient établis à l'intérieur de coquilles d'*Helix aspersa*, que ces Fourmis s'engluaient en grand nombre et périssaient dans la mangeoire garnie de miel qu'il avait mise à leur disposition. Bientôt il les vit apporter, sur le pourtour de la mangeoire, des grains de la terre qui garnissait le fond de la boîte et elles établirent, ainsi, une berge solide qui leur permit désormais de venir manger sans s'engluer. Bien que, en apparence, il y ait là un acte dénotant un véritable raisonnement, je crois que le résultat obtenu par les Fourmis est en réalité tout à fait fortuit. En effet, ainsi que je l'ai déjà dit (**93**[2], p. 474) et ainsi que je viens de le rappeler, toutes les espèces de Fourmis que j'ai observées dans mes appareils recouvrent ainsi avec de la terre, lorsqu'elles en ont à leur disposition, les godets qui leur servent de mangeoires et d'abreuvoirs. Elles font cela, même lorsque les godets sont disposés de manière qu'elles ne puissent ni s'engluer, ni se noyer, lorsque, par exemple, le contenu des godets est recouvert d'une couche de liège grossièrement râpé. Même dans ce cas, les Fourmis apportent sur les godets autant de terre qu'elles peuvent et elles arrivent non pas à éviter un danger qui n'existe plus, mais simplement à rendre le contenu de leur mangeoire et de leur abreuvoir tout à fait inaccessible et à le faire rapidement disparaître par imbibition.

Dans un nid artificiel non fermé, habité par des *Tetramorium cæspitum*, ces derniers avaient déposé en tas, sur ma table, toute la terre qui se trouvait dans la chambre éclairée, mais ils rapportaient constamment de cette terre dans le nid pour la déposer sur le côté et dans la mangeoire garnie de miel. Il y avait ainsi un pilier de terre qui, tout imbibé de miel, montait le long de la mangeoire et en dépassait verticalement le bord de plus de 1 cm. Cela leur fournissait un chemin très commode, exactement comme dans le cas observé par André, mais ils continuaient toujours à ajouter de la terre, ce qui ne produisait aucune amélioration de leur chemin.

Les Fourmis paraissent obéir, dans ce cas, à un instinct qui les pousse à recouvrir de terre toutes les substances qui leur ont servi ou peuvent leur servir de nourriture.

En dehors de ce remplissage des abreuvoirs et surtout des mangeoires, les Fourmis de mes nids n'ont employé de la terre, et cela en quantité très minime, que dans les deux cas suivants.

Dans les nids ne contenant qu'une très faible colonie, les Fourmis se cantonnent dans une seule chambre ou même dans une seule galerie. Si l'entrée de cette chambre ou de cette galerie est trop grande elles la rétrécissent avec de la terre et la réduisent à un petit orifice circulaire qui est même parfois tout à fait fermé.

Les espèces dont la nymphose a lieu dans un cocon entourent leurs larves d'une petite quantité de terre au moment où le tissage du cocon va commencer. Ces grains fournissent les premiers points d'attache pour l'étirage de la matière visqueuse qui, en durcissant, produit la soie de tissage. Ces grains, qui restent d'abord adhérents au cocon, deviennent bientôt inutiles et sont enlevés et rejetés par les ouvrières.

Finalement, j'ai été amené à ne plus mettre du tout de terre dans mes nids artificiels. Même pour les deux usages que je viens d'indiquer, obturation de l'entrée du nid et tissage du cocon, elles savent parfaitement s'en passer. Elles la remplacent par tous les détritus qu'elles peuvent trouver et au besoin par des petits fragments de plâtre qu'elles arrachent, au moyen de leurs mandibules, aux parois de leurs nids.

Exemple d'élevage fait dans un appareil horizontal (*Anergates atratulus*). — Je réunis, dans une même arène de plâtre, et fais emménager dans le même nid horizontal tout ce que je puis recueillir, le 13 mai, au pied du versant sud de la colline de Bourguillemont, dans plusieurs colonies de *Tetramorium cespitum*, les unes normales, les autres avec *Anergates atratulus*.

Je constate, au bout de quelques heures, que l'emménagement se fait activement et qu'une femelle d'*Anergates*, à gros abdomen, a été introduite dans le nid. Un certain nombre de *Tetramorium* soignent cette femelle féconde, tandis que d'autres paraissent la mordiller et lui tirer les pattes et les antennes. Un assez gros paquet d'œufs, récemment pondus et dont elle n'a pas encore été débarrassée par les *Tetramorium*, adhère à son abdomen.

Le lendemain, l'emménagement est terminé. Il y a eu fort peu de rixes. La fourmilière comprend alors :

1° Des *Tetramorium cespitum*, à savoir : des ouvrières sans reines, mais avec beaucoup de larves et de nymphes de toutes les formes (mâles, reines et ouvrières) ;

2° Des *Anergates atratulus*, à savoir : une femelle pondeuse à gros abdomen dilaté, des mâles et des femelles récemment éclos, des mâles et des femelles à l'état de nymphes, des larves, des œufs.

Il y a, de plus, les cadavres déjà bien ratatinés de deux *Anergates* femelles pondeuses, à gros abdomen, qui ont été introduites dans le nid, par les *Tetramorium*, lors de l'emménagement, et qui sont encore entourées de quelques ouvrières. Cette observation est à rapprocher de celle faite par Forel (**74**, p. 344), qui a vu la femelle féconde d'un de ses élevages, morte et même tout à fait desséchée, être encore soignée, léchée et transportée par les ouvrières du nid.

Cette fourmilière constitue ainsi, par suite du mélange qui a été fait, un ensemble anormal. Il résulte en effet des observations de von Hagens (**67**) et de Forel (**74**, p. 341) qu'il n'y a jamais de nymphes de *Tetramorium* dans les nids naturels d'*Anergates atratulus*.

Le 18 mai, les Fourmis ont bien pris possession de leur nid. Les grosses larves et les grosses nymphes de *Tetramorium* ainsi que les nymphes d'*Anergates atratulus* mâles et femelles sont étalées sur le sol ou entassées dans les angles des chambres. La presque totalité des petites larves sont accrochées aux parois verticales du nid depuis le sol jusqu'au plafond en verre. L'*Anergates* pondeuse est cachée parmi les nymphes et je ne la découvre qu'en la cherchant à l'aide d'un pinceau. Je constate, au bout de quelques minutes, qu'un certain nombre de *Tetramorium*, sans doute excités par le dérangement que je leur ai causé, viennent encore la tirailler par les antennes et par les pattes. La petite quantité de terre sableuse qui avait été introduite avec la progéniture, au moment de l'emménagement, a été enlevée et transportée dans la mangeoire. Je trouve, également dans cette mangeoire ou déposés sur le sol de la chambre éclairée, un assez grand nombre de cadavres de larves qui ont été tuées ou blessées lors du maniement et du transport de la récolte.

Je vois aussi, déposées sur le sol à côté de ces cadavres, mais en petit nombre, des nymphes d'*Anergates* qui me paraissent en parfait état et j'ai bientôt l'explication de leur présence.

Parmi les *Tetramorium* qui circulent incessamment dans la chambre éclairée et sortent ou rentrent par les galeries d'entrée des chambres d'habitation, un bon nombre apporte, pour ainsi dire sans cesse, non pas des détritus, mais ces nymphes d'*Anergates* dont elles veulent ainsi se débarrasser. Elles les apportent dans la chambre éclairée, les déposent sur le sol, sans leur faire d'ailleurs aucun mal, et rentrent ensuite dans le nid, se préparant, sans doute, à recommencer le même manège. Ces *Tetramorium* sont, vraisemblablement, ceux qui, au moment de la récolte, ont été pris dans des nids normaux, sans *Anergates*.

Par contre, je vois sortir du nid et arriver dans la chambre éclairée des *Tetramorium* qui cherchent les nymphes d'*Anergates*, les saisissent délicatement et les introduisent à nouveau dans les chambres d'habitation dont elles viennent d'être enlevées. Ces *Tetramorium* sont, sans doute, ceux qui ont été récoltés dans les nids d'*Anergates* et qui continuent, ainsi, à soigner la seule progéniture qu'ils reconnaissent.

Le même transport a ainsi lieu dans les deux sens, non seulement pour des nymphes d'*Anergates*, mais aussi pour des imagos. J'ai même vu plusieurs fois des *Anergates* accouplés être ainsi emportés hors du nid par des *Tetramorium*, puis être rapportés par d'autres.

Inversement, j'ai vu aussi quelques grosses larves sexuées de *Tetramorium* être apportées dans la chambre éclairée, puis reprises, au bout de quelques instants, par d'autres Fourmis pour être réintégrées dans le nid.

Cette observation démontre que, malgré l'absence complète de rixes entre les *Tetramorium* de cette fourmilière, il n'y a entente complète, au point de vue des soins donnés à la progéniture, qu'entre des individus pris dans des nids de même nature, à savoir : d'un côté, entre ceux provenant de nids de *Tetramorium* normaux, de l'autre, entre ceux provenant de nids d'*Anergates*. Les *Tetramorium* de chacun de ces deux groupes, ou tout au moins un certain nombre d'entre eux, ont conservé les instincts qui les guidaient dans les nids naturels dont ils proviennent.

Le même jour, au soir, je trouve l'*Anergates* féconde transportée, elle aussi, dans la chambre éclairée et entourée d'une dizaine de *Tetramorium*. Parmi ces derniers, les uns cherchent à la faire rentrer dans le nid, tandis que d'autres paraissent la tirer en sens contraire. Afin de lui épargner de semblables tiraillements, je la remets dans la partie du nid où les nymphes d'*Anergates* se trouvent être le plus nombreuses.

Les jours suivants, il y a encore dans le nid un très grand nombre de nymphes et d'imagos d'*Anergates* mâles et femelles. Je vois même trois femelles à moitié désailées et deux qui le sont complètement. Un certain nombre de *Tetramorium* apportent dans la mangeoire des *Anergates* femelles ailées et bien vivantes, avec l'intention, à peu près évidente, de s'en débarrasser. Ces femelles meurent, pour la plupart, engluées dans le miel, bien que ce dernier soit recouvert de quelques grains de liège.

Le 13 juin, c'est-à-dire un mois après la récolte, la mangeoire est remplie d'un monceau enfaîté de détritus, d'exuvies, de larves mortes et de cadavres parmi lesquels il y a surtout de jeunes *Anergates* mâles ou femelles. Il ne reste dans le nid, en fait d'*Anergates*, que des nymphes et des imagos mâles et quelques nymphes femelles. La reine féconde est morte depuis quelques jours.

A partir de cette époque le nombre des *Anergates* diminue de jour en jour, et, vers le milieu de juillet, il n'en reste plus un seul. La colonie est alors réduite à des *Tetramorium* ayant encore un peu de progéniture.

En résumé, dans ce mélange de colonies normales de *Tetramorium* avec des colonies de *Tetramorium* associés à des *Anergates*, ces derniers ont disparu, d'une façon complète, en moins de deux mois.

APPAREILS VERTICAUX

Description de l'Appareil. — Ces appareils sont très favorables aux observations à faire, d'une manière suivie et prolongée, sur les Fourmis et sur les Animaux myrmécophiles; mais ils ne permettent que difficilement de prélever, dans la colonie, les échantillons dont on peut avoir besoin.

Comme pour les appareils horizontaux la partie principale des appareils verticaux est un bloc de substance minérale poreuse que l'on entretient humide d'un côté tandis que l'autre côté reste sec. La pierre tendre, la terre cuite, le ciment conviennent pour établir ces appareils, mais le plâtre est incontestablement la substance la plus commode à employer.

Je prendrai, comme exemple, le dernier modèle que j'ai construit, modèle qui ne diffère que par quelques détails du type qui se trouve en ce moment dans la classe de Biologie de la Section des Sciences à l'Exposition de Bruxelles (1).

(1) Sur la demande de M. van Overloop, commissaire du gouvernement près la Section des Sciences à l'Exposition de Bruxelles, j'ai envoyé, à cette Exposition huit appareils contenant les espèces suivantes : 1° *Formica rufa*, 2° *Formica san-*

L'appareil est représenté sur la planche X, vu de face (fig. 1), en coupe verticale (fig. 2) et en coupe horizontale (fig. 3).

Le corps de l'appareil est formé d'un bloc *Pl* coulé en plâtre à modeler, gâché à fleur d'eau. Ce bloc a 40 cm. de largeur, 40 cm. de hauteur et 7 cm. d'épaisseur.

Une glace *Gl*, incrustée sur la face antérieure de ce bloc, recouvre, en les laissant bien visibles, les chambres *Ch* habitées par les Fourmis. Elle recouvre également, vers le haut du bloc, trois chambres *Ch. ext* au bas desquelles se trouvent de petites cavités *C. or* où s'ouvrent les trois orifices *or.1*, *or.2*, *or.3* qui donnent accès dans le nid. Ces orifices sont, grâce à ce dispositif, bien accessibles à la vue. Quatre vis à métier *V.m* servent à maintenir la glace solidement appliquée dans son logement : elles font pression par l'intermédiaire de rondelles en métal *R.m* qui appuient sur des rondelles en caoutchouc *R.c*.

Les trois chambres *Ch. ext* peuvent recevoir des petits godets, en cuivre étamé, qui servent d'abreuvoirs et de mangeoires.

Dans la chambre qui se trouve du côté humide de l'appareil on place un abreuvoir qui, au moins pour les Fourmis de petite taille, devra contenir un morceau d'éponge.

Dans la chambre située du côté opposé, c'est-à-dire du côté sec, on met une mangeoire garnie de miel liquide, et, pour que les Fourmis ne s'y engluent pas on y place une rondelle de papier ou un morceau de toile métallique ou du liège en petits morceaux.

La chambre du milieu devra recevoir, de temps à autre, un godet contenant des Insectes fraîchement tués ou des larves et des nymphes de Coléoptères, d'Hyménoptères, ou simplement de Fourmis d'une espèce autre que celle du nid. Si la colonie est nombreuse, cette nourriture animale sera utilisée rapidement. La quantité de grosses nymphes de Fourmis, qu'une colonie des

guinea avec esclaves ; 3° *Formica fusca* cernées par des *Solenopsis fugax* ; 4° *Lasius flavus* avec *Claviger testaceus*, 5° *Lasius mixtus* avec myrmécophiles divers, tels que *Lepismina polypoda*, *Antennophorus uhlmanni*, *Discopoma comata*, *Laelaps holothyroides* ; 6° *Tapinoma erraticum* ; 7° *Tetramorium cespitum*, 8° *Myrmica rubra*). Ces appareils, pourvus chacun de sa colonie, ont été préparés à Beauvais à la fin d'avril. Ils ont été transportés, avec leurs habitants, de Beauvais à Bruxelles, dans les premiers jours de juin. Ils sont arrivés à l'Exposition en parfait état et ont été installés, dans d'excellentes conditions, grâce à l'obligeance de M. Lameere. Pendant toute la durée de l'exposition, M. van den Broeck, Secrétaire de la Section, a bien voulu se charger, avec la plus grande obligeance, de veiller à l'entretien des huit appareils.

minuscules *Solenopsis fugax* est capable de dévorer dans une journée, est parfois extraordinaire.

Les godets peuvent être introduits ou extraits au moyen d'un fil de fer terminé par un crochet qui se loge dans un repli de leur anse. Le maniement des godets se fait par des trous de service (*Tr. mg.*; *Tr. abr.*) que l'on maintient fermés au moyen de bouchons d'aération mobiles. Ces bouchons *B* sont formés d'un bout de tube, en cuivre, dont les bords rabattus sont serrés avec un disque en toile métallique, entre deux rondelles rivées ensemble.

La cuve à eau *Tr. eau*, destinée à maintenir humide tout un côté de l'appareil, doit être remplie à peu près tous les deux jours. L'eau ordinaire ronge, en les dissolvant, les parois de la cuve et finit par produire des perforations. On évite complètement cet inconvénient en employant de l'eau saturée de sulfate de chaux ; mais, à l'inverse de ce qui se passe avec l'eau ordinaire, les parois finissent par devenir si dures que la cuve refuse d'absorber l'eau qu'on lui donne. Il suffit, pour rendre au plâtre sa porosité primitive, de mouiller, pendant quelque temps, avec de l'eau ordinaire.

Du côté opposé à la cuve à eau, se trouve un pertuis *Tr. air* qui, traversant l'appareil de haut en bas, permet une circulation d'air ayant pour but de contribuer à la dessiccation du côté qui doit rester sec.

Les trous *Tr. tg* (fig. 3), dans lesquels passent les tiges de suspension, laissent également circuler l'air et contribuent aussi à la dessiccation.

Les deux tiges de suspension *Tg* peuvent entrer librement, de bas en haut, dans les trous *Tr. tg* qui traversent le bloc dans toute sa hauteur. Deux chas percés dans ces tiges, au niveau du dessus du bloc, permettent de faire passer des goupilles qui empêchent les tiges de sortir de leur logement.

A leur partie supérieure, les tiges portent des fentes allongées qui permettent d'accrocher l'appareil à des supports *S*, en fer plat, solidement fixés contre un mur.

A leur partie inférieure, les tiges sont filetées pour recevoir des écrous à oreilles qui, par l'intermédiaire de deux petites traverses, supportent tout le poids de l'appareil. Ces deux petites traverses sont maintenues écartées du bloc de manière à permettre la circulation de l'air dans les trous traversés par les tiges.

Dans l'intervalle des observations, le nid doit rester dans l'obscurité. A cet effet, un écran, formé d'un morceau de carton recouvert de drap, est placé devant la partie du bloc où se trouvent creusées les galeries. Cet écran est soutenu par deux attaches *P.e* qui sont prises sous les têtes de deux des vis à métier qui servent à maintenir la glace. Le côté inférieur de ces deux attaches forme une charnière qui permet de soulever l'écran lorsqu'on veut observer les Fourmis.

Précautions a prendre pour éviter la buée sur la glace. — Grâce à l'écran formé d'un morceau de carton recouvert de drap, c'est-à-dire de substances peu conductrices de la chaleur, il ne se dépose presque jamais de buée sur la face interne de la glace d'observation. On est même tout à fait à l'abri de cet inconvénient si l'on a soin de disposer les appareils de manière que leur face antérieure reçoive plus de chaleur que leur face postérieure. Cette condition est réalisée lorsqu'on accroche les appareils contre un mur dont le parement externe est exposé au nord, ou bien lorsqu'on place leur face antérieure près d'une fenêtre qui reçoit la chaleur solaire. D'ailleurs, la face postérieure des appareils a, simplement par suite de l'évaporation de l'eau de mouillage, une tendance à rester plus froide que la face antérieure où la glace empêche l'évaporation.

Chambres servant de cloaques. — Si la plupart des chambres d'observation peuvent rester très propres pendant un grand nombre de mois, il y en a cependant toujours un petit nombre qui deviennent rapidement tout à fait noires et devant lesquelles la glace devient plus ou moins opaque. Ce sont les chambres, généralement très peu nombreuses, que les Fourmis ont adoptées pour y déposer tous les détritus qu'elles ne portent pas au dehors. Comme les Fourmis finissent généralement par transporter hors de leurs nids les débris des Insectes dévorés, les cadavres de leurs compagnes, les débris de cocons et les exuvies des mues, ce sont principalement les excréments qui rendent, ainsi, tout à fait noires quelques-unes des chambres du nid.

Dans les nids de *Myrmicinæ* (*Myrmica, Tetramorium, Solenopsis*), non seulement les ouvrières vont déposer leurs excréments dans ces cloaques, mais elles y portent ces sacs que les larves expulsent au commencement de la nymphose et qui ont servi, jusqu'à ce moment, à retenir, dans l'estomac, la totalité des résidus de la digestion des aliments reçus par la larve depuis son éclosion.

Dans les nids des *Camponotinæ*, au contraire (*Formica, Lasius*) ces sacs noirs peuvent rester dans le cocon que, dans cette sous-famille, les larves tissent généralement, au commencement de la nymphose. Ils s'y dessèchent et, après l'éclosion, ils sont généralement transportés hors du nid avec les débris des cocons.

Les Fourmis adultes ne laissent arriver dans leur tube digestif que des matières liquides parce qu'un dispositif spécial de leur bouche leur permet d'extraire, sous forme de boulettes qu'elles rejettent, toutes les parties solides de leurs aliments. Il en résulte que leurs excréments ne sont guère formés que de liquides. Les larves, au contraire, reçoivent dans leur estomac une petite quantité de matières solides qui s'accumulent, avec les résidus insolubles de la digestion, dans le sac contenu dans leur estomac.

C'est pour cette raison que les cloaques d'un nid de *Myrmica levinodis* sont plus grands et plus vite salis que ceux d'un nid de *Lasius flavus*.

Emménagement des Fourmis. — Pour faire emménager les Fourmis dans les appareils horizontaux j'emploie l' « Arène de Forel » telle que je l'ai décrite (93[2], p. 476, fig. 3).

Pour faire emménager dans un appareil vertical je commence par faire emménager dans un appareil horizontal dont le sol présente un orifice. Je place ensuite l'appareil vertical debout sur une table et sur sa tranche supérieure je pose l'appareil horizontal. Le trou pratiqué dans le sol de ce dernier doit tomber juste au-dessus de l'un des trous de service de l'appareil vertical. Si l'appareil horizontal est maintenu sec et éclairé les Fourmis ne tardent pas à passer dans l'appareil vertical dont les chambres doivent, elles, être entretenues humides et obscures.

On peut aussi, dans certains cas, faire tomber les Fourmis, au moyen d'un pinceau en blaireau, dans un grand entonnoir en verre placé sur l'un des trous de service de l'appareil où les Fourmis doivent s'installer. Cette manière d'opérer est sans inconvénient pour les *Myrmicinae*, mais avec les *Camponotinae*, tels que les Lasius, qui émettent beaucoup de venin, elle cause toujours la mort d'un certain nombre d'individus.

Pour faire passer les Fourmis d'un appareil vertical dans un autre semblable je renverse le premier au-dessus du second de manière que tous les orifices de l'un soient en prolongement des orifices de l'autre. On peut, au moyen de tiges de suspension de longueur double de celles que l'on emploie d'ordinaire, suspendre l'ensemble des deux appareils ainsi posés l'un sur l'autre.

Il suffit généralement que l'appareil supérieur soit laissé sans eau et bien éclairé pour que les Fourmis passent, d'elles-mêmes, dans l'appareil inférieur dont on maintient les chambres humides et obscures. Les *Formica*, qui savent si bien se porter mutuellement, déménagent, en général, assez rapidement. Un certain nombre d'individus pénètrent immédiatement dans le nouveau nid, le reconnaissent, puis vont chercher, dans le nid qui doit être évacué, leur progéniture et leurs compagnes. On peut, dans ces conditions, observer très commodément la façon dont se fait le portage mutuel. Si la colonie qui déménage est une colonie de *Formica sanguinea* avec des *Formica fusca* comme auxiliaires, on constate que chacune de ces espèces sait porter ses semblables et aussi les individus de l'autre espèce; c'est ainsi que j'ai vu parfois de très petites *Formica fusca* porter de grosses *Formica sanguinea.*

Quelquefois, cependant, un bon nombre de Fourmis persistent à ne pas vouloir quitter l'appareil où elles se trouvent et, dans ce cas, il faut enlever la glace, faire tomber les Fourmis, au moyen d'un pinceau, dans une arène de Forel et les faire emménager comme il a été dit ci-dessus.

Exemple d'élevage fait dans un appareil vertical (nid double de *Solenopsis fugax* et de *Formica fusca*). — Un des types les plus intéressants d'appareil vertical est celui qui représente un nid double de *Solenopsis fugax* et de *Formica fusca.*

J'ai, en ce moment, deux de ces nids. L'un se trouve dans la Section des Sciences à l'Exposition de Bruxelles, l'autre est resté, comme témoin, dans mon laboratoire.

Les *Formica fusca* ont pour entrée de leur nid, les orifices *or 1* et *or 2*. Les *Solenopsis* ont pour entrée l'orifice *or 3*. (Voir Pl. X).

Le nid des *Solenopsis*, établi d'après l'examen de plusieurs nids naturels (Voir Note 14), est formé de petites chambres ayant, en plan, une forme hémicirculaire (chambre circulaire coupée en deux par la glace) de 8 à 20 millim. de diamètre et de 6 à 8 millim. de hauteur. Ces chambres sont bien nettement séparées les unes des autres. Elles sont reliées par de nombreuses et fines galeries, ayant de 1 à 3 millim. de diamètre, qui aboutissent soit au plafond, soit au sol, soit aux parois latérales des chambres.

Le nid des *Solenopsis* est placé tout à fait au contact du nid des *Formica fusca* et communique, avec lui, par deux ou trois galeries de pillage qui sont très étroites. De plus, une fine galerie, où, seuls, les *Solenopsis* peuvent passer, met en communication les trois chambres extérieures aux nids *Ch. ext.* Les *Solenopsis* peuvent, ainsi, aller à la mangeoire et à l'abreuvoir des *Formica*, et ils peuvent, aussi, pénétrer dans le nid de ces derniers pour aller dévorer leurs cocons. Comme les *Solenopsis*, malgré leur petite taille, sont capables de consommer une énorme quantité de cocons, il est bon, pour qu'ils ne fassent pas trop de tort à la progéniture de leurs voisins, de leur donner directement, comme nourriture, une certaine quantité de nymphes de *Formica*, de *Lasius* ou de *Myrmica*.

Dans le nid double, qui est installé dans mon laboratoire depuis plus de trois mois, les *Solenopsis* ont, parmi les trente-trois chambres dont ils disposent, choisi pour en faire leur cloaque celle qui se trouve placée le plus bas et qui est, en même temps, la plus éloignée de l'entrée du nid. Ce cloaque se trouve dans la moitié sèche de l'appareil. Ses parois sont devenues noires, et la partie de glace qui le recouvre est complètement opaque. Il communique avec le reste du nid par une longue galerie dans laquelle il y a une circulation incessante et active et j'y ai vu passer, bien des fois, des ouvrières transportant les sacs noirs rejetés par les larves. Actuellement, cette galerie n'est plus accessible au regard, parce que la glace s'y trouve recouverte d'un enduit blanc tout à fait opaque. Sauf ce cloaque et sa galerie d'accès, toutes les autres chambres, au nombre de 32, et toutes les autres galeries sont restées bien propres, ainsi que la glace qui les recouvre.

Dans ce nid, le classement de la progéniture par chambre est en ce moment (12 juillet) particulièrement net et il y a fort peu de mélange.

Sur les 33 chambres je vois :

14 chambres contenant des nymphes dont un certain nombre sont déjà bien jaunes;

1 chambre contenant d'un côté des nymphes, de l'autre de petites larves;

7 chambres contenant des larves de moyenne grosseur;

5 chambres remplies d'énormes larves de *Solenopsis* ailés;

1 chambre occupée par la reine et qui contient, en outre, un certain nombre de larves de diverses grosseurs et quelques paquets d'œufs ;

1 chambre servant de cloaque;

4 chambres entièrement vides.

La plupart des chambres qui contiennent des larves ou des nymphes en sont presque complètement remplies et, dans ce cas, il ne reste, au-dessous du plafond, qu'un vide assez réduit pour la circulation des ouvrières. Ces dernières se faufilent d'ailleurs, avec la plus grande facilité, au centre des accumulations de larves ou de nymphes qui sont ainsi formées.

Les 12 chambres qui contiennent surtout des larves ont été

choisies par les Fourmis dans la partie la plus humide de l'appareil.

Au contraire, c'est dans la partie moyenne et dans la partie la plus sèche de l'appareil qu'elles ont choisi les 14 chambres qui contiennent surtout des nymphes. Une certaine dessiccation est en effet nécessaire pour la diminution du volume et la contraction considérable qui accompagnent la nymphose.

Les colonies de *Solenopsis*, mises en observation dans les nids artificiels, doivent être nourries non seulement avec du miel, mais avec des nymphes d'autres espèces que l'on place dans la chambre *Ch. ext.* Dès qu'on leur a donné des cocons, les ouvrières sortent en grand nombre du nid et elles ont vite fait de perforer et de déchiqueter les cocons. Elles consomment, surtout si la colonie a jeûné depuis quelques jours, une quantité telle des nymphes qu'on leur donne que l'on en est tout surpris.

La conséquence d'une abondante distribution de nourriture est que les larves sont, toutes, gonflées, qu'un grand nombre deviennent énormes et que la reine devient obèse au point de ne plus pouvoir se traîner. Sans arriver à la forme sphérique de l'abdomen de la reine d'*Anergates*, l'abdomen d'une reine de *Solenopsis*, ainsi abondamment nourrie, devient très volumineux ; toutes les membranes articulaires apparaissent fortement distendues et, bien que d'assez loin, cette distension de l'abdomen rappelle celle des reines des *Termites*. La reine se tient presque toujours pliée en deux, son énorme abdomen, d'une part, son corselet et sa tête, de l'autre, formant comme les deux branches d'un U. Généralement c'est le dos ou le côté de son abdomen qui pose sur le plancher de la chambre et son corselet est trop soulevé pour que ses pattes, qu'elle agite constamment, puissent toucher le sol. Il y a toujours une dizaine d'ouvrières grimpées sur elle et d'autres l'entourent de tous côtés. Ces ouvrières lui donnent, à chaque instant, à manger et la lèchent sur toutes les parties de son corps.

La chambre dans laquelle se trouve la reine ne contient souvent qu'un petit nombre de larves qui sont placées autour d'elle et qui semblent, pour ainsi dire, servir à la caler et à l'empêcher de rouler lorsqu'elle se remue. Malgré la présence de ces larves et des ouvrières qui sont constamment autour de la reine, cette dernière, grâce à la petitesse des chambres, est généralement bien visible. Forel et Wasmann ont constaté que ces Fourmis qui, d'après leur mode d'existence, paraissent tout à fait lucifuges, ne sont, cependant, pas impressionnées par l'arrivée brusque de la lumière dans leur nid, comme le sont, dans ce cas, un bon nombre d'autres Fourmis, les *Formica*, par exemple. Dans mes nids artificiels, les rayons directs du soleil, eux-mêmes, ne paraissent pas les déranger.

Le 12 juillet, par une température de 25° dans la pièce où se trouve le nid, je profite, entre 6 h. 1/2 et 7 heures du soir, de la position très basse du soleil pour éclairer vivement la chambre de la reine. L'extrémité de son abdomen est, en ce moment, très rapprochée de la glace et se trouve dans de bonnes conditions pour être observée avec une assez forte loupe. Je constate une ponte très active donnant en moyenne un œuf par deux minutes. Souvent les œufs se suivent à un intervalle beaucoup plus rapproché, mais, parfois, il y a comme un arrêt momentané de la ponte.

Pendant ces arrêts de peu de durée, l'aiguillon de la reine est rentré. Tout à coup on voit l'extrémité abdominale se distendre, l'aiguillon sortir en grande extension, et, comme si elles étaient averties, par ces faits, de ce qui va se passer, les ouvrières qui se tiennent auprès de la reine et qui, quelques instants auparavant, étaient relativement tranquilles, deviennent beaucoup plus agitées. Elles lèchent, avec ardeur, les abords de l'aiguillon et toute la région vulvaire hors de laquelle on ne tarde pas à voir apparaître un œuf. La reine peut elle-même expulser cet œuf, mais on voit souvent une ouvrière le saisir dès qu'il apparaît et elle semble l'extraire avec ses mandibules, comme avec un forceps. Qu'il soit saisi dès qu'il commence à apparaître, ou qu'il ne soit saisi qu'au moment où son expulsion est complète, l'œuf est immédiatement emporté par une ouvrière.

CONCLUSION

Les nombreux élevages que j'ai faits dans ces dernières années, les exemples que j'en ai cités dans mes Notes précédentes et ceux que je viens d'y ajouter ; le fait que les Fourmis ne cherchent pas, lorsque l'installation est bien faite, à quitter leurs galeries ; le fait, enfin, d'avoir conservé en parfait état dans une Exposition telle que celle de Bruxelles, où elles étaient constamment dérangées, huit colonies d'espèces différentes, montrent, suffisamment, sans que j'aie besoin d'insister davantage, que mes appareils verticaux ou horizontaux, construits en substance minérale poreuse, dépourvus de terre et munis d'un dispositif qui permet d'établir dans les chambres une humidité graduée, mettent les Fourmis dans des conditions qui peuvent être, réellement, considérées comme normales.

AUTEURS CITÉS

67. Hagens (J. von). — *Ueber Ameisen mit gemischten Kolonien.* Berl. Ent. Zeitschr. 1867, p. 101.

69. Forel (Auguste). — *Observations sur les Mœurs du* Solenopsis fugax. Mittheil. der schweizer. entomol. Gesellschaft. T. 3, p. 105, 1869.

74. Forel (Auguste). — *Les Fourmis de la Suisse.* 1874.

93². Janet (Charles). — *Études sur les Fourmis, 2e Note. Appareil pour l'Élevage et l'Observation des Fourmis et d'autres petits Animaux.* Ann. Soc. ent. de Fr. 1893, T. 62, p. 467.

94. André (Ernest). — *Un nouvel exemple d'intelligence chez les Fourmis.* Feuille des Jeunes Naturalistes. 1894.

EXPLICATION DE LA PLANCHE X.

Appareil vertical, en substance minérale poreuse, pour l'observation des Fourmis et des animaux myrmécophiles qui vivent dans leurs nids. Réduction 0.25.

Fig. 1. Vue de face;

Fig. 2. Coupe verticale suivant *A B*;

Fig. 3. Coupe horizontale suivant *C D*;

Abr, godet servant d'abreuvoir;

B, bouchon garni d'une toile métallique;

Ch, chambres et galeries du nid;

Ch. ext, chambres extérieures au nid;

C. or, petites cavités dans lesquelles sont percés les orifices du nid.

Ecr, écran servant à maintenir le nid dans l'obscurité. Dans les figures 1 et 2, cet écran est supposé relevé horizontalement, c'est-à-dire dans la position qu'on lui donne lorsqu'on veut observer les Fourmis.

Ecr. ab, ligne pointillée représentant le contour de l'écran abaissé dans la position qu'il prend lorsqu'on le laisse retomber devant le nid.

Gl, glace permettant de voir l'intérieur du nid;

Mg, godet servant de mangeoire;

or. 1, orifice conduisant à la mangeoire;

or. 2, orifice d'entrée;

or. 3, orifice conduisant à l'abreuvoir;

Pe, attaches de l'écran;

Pl, bloc de plâtre formant la partie principale de l'appareil;

Rm, rondelles en métal;

Rc, rondelles en caoutchouc;

S, supports en fer plat, passant dans les yeux des tiges de suspension;

Tg, tiges de suspension. A leur partie supérieure elles présentent un œil allongé servant à l'accrochage de l'appareil et, un peu plus bas, un chas destiné à recevoir une goupille qui supporte les tiges lorsque l'appareil n'est pas accroché. La partie inférieure de ces tiges de suspension est filetée et munie d'un écrou à oreilles qui soutient l'appareil au moyen d'une petite traverse métallique. Sur cette traverse sont rivées deux petites cales qui permettent à l'air de circuler dans les trous *Tr. tg.* qui livrent passage aux tiges.

Tr. abr, trou pour faire passer le godet servant d'abreuvoir;

Tr. mg, trou pour faire passer le godet servant de mangeoire;

Tr. eau, cuve à eau pour le mouillage de l'appareil;

Tr. air, pertuis traversant le bloc de haut en bas pour permettre la circulation de l'air et contribuer à la dessiccation du côté opposé à celui de la cuve à eau;

Tr. tg, trous laissant passer librement les deux tiges de suspension;

V. m, vis à métier servant à boulonner la glace sur le bloc de plâtre. Les deux vis du haut, servent, en même temps, à tenir les pattes de l'écran. La tête et l'écrou de ces vis font serrage par l'intermédiaire d'une rondelle métallique *R m* qui presse sur une rondelle de caoutchouc *Rc*.

TABLE DES MATIÈRES

LILLE. — IMP. LE BIGOT FRÈRES

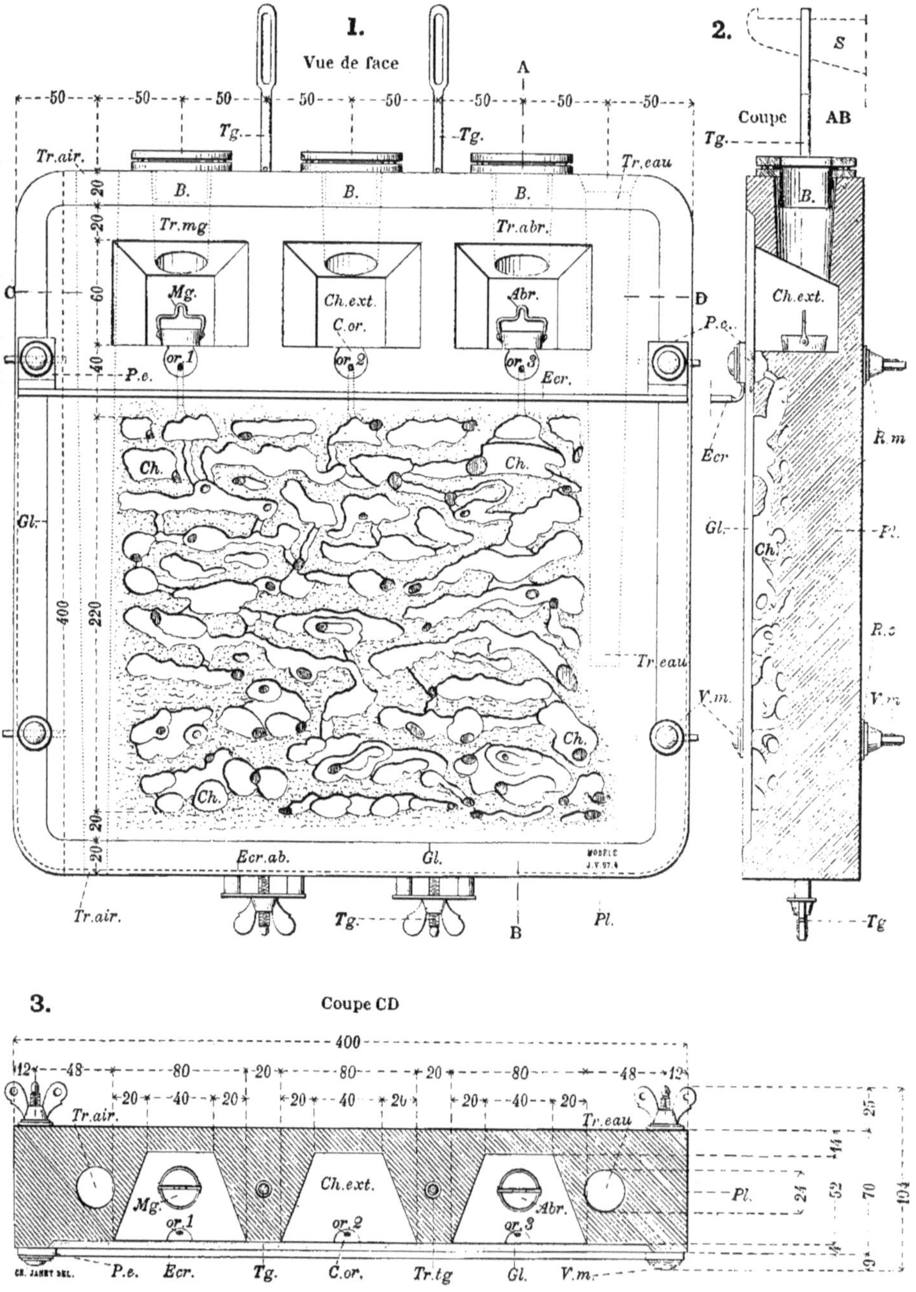

1. Vue de face

2. Coupe AB

3. Coupe CD

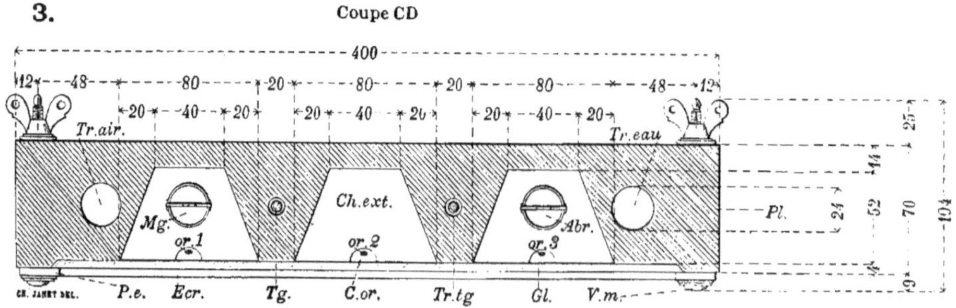

APPAREIL POUR L'OBSERVATION DES FOURMIS

ET DES ANIMAUX MYRMÉCOPHILES.

www.ingramcontent.com/pod-product-compliance
Lightning Source LLC
LaVergne TN
LVHW010252230826
846091LV00007B/2938

* 9 7 8 2 3 2 9 6 3 5 0 4 0 *